Hans-Peter Scholz

Deutsche Riesen

8. Auflage

Oertel + Spörer

Titelabbildung:

1,0 Deutsche Riesen, grau (K. Schleicher, Motten)
Foto: Wolters

Haftungsausschluss

Die Hinweise in diesem Buch stammen vom Autor.
Es können jedoch keinerlei Garantien übernommen werden. Eine Haftung des Autors bzw. des Verlages und seiner Beauftragten für Personen-, Sach- und Vermögensschäden ist ausgeschlossen.

Bibliografische Information der Deutschen Nationalbibliothek

Die Deutsche Nationalbibliothek verzeichnet diese Publikation in der deutschen Nationalbibliografie; detaillierte bibliografische Daten sind im Internet über http://d-nb.ddb.de abrufbar.

Postfach 1642 · 72706 Reutlingen

Schrift: 9/11 p Times New Roman
8. Auflage
Druck und Bindung: Oertel + Spörer Druck und Medien-GmbH + Co., Riederich
Printed in Germany
ISBN 978-3-88627-736-0

Inhalt

Vorwort

Die Zucht der Deutschen Riesenkaninchen hat auch heute, in einer Zeit, in der die Rassekaninchenzucht – wie viele andere Hobbys auch – Probleme damit hat Nachwuchs zu rekrutieren, nur wenig an ihrem Reiz eingebüßt. Die letzten Standardänderungen, wie die Einführung des Höchstgewichts, tragen dazu bei, dass die Deutschen Riesen bei den Kaninchen im Gegensatz zu anderen „Riesentieren" keine tierschutzgemäße Relevanz haben.

Neben den langjährigen Züchtern gibt es auch eine ganze Reihe engagierter jüngerer Züchter, die sich intensiv und erfolgreich mit der imposanten Kaninchenrasse befassen.

Nach wie vor kann man die Deutschen Riesen allein schon wegen ihrer majestätischen Größe als Könige der Rassekaninchen bezeichnen. Die häufig beschworene Wirtschaftlichkeit dieser Rasse muss man wohl infrage stellen. Allein schon wegen des enormen Platz- und Futterbedarfes muss derjenige, der sich den Riesen verschrieben hat, erheblich mehr investieren als der Züchter kleinerer Kaninchenrassen. Daher erfordert ihre Zucht auch ein großes Maß an Idealismus: Nicht nur wegen der hohen Kosten, die die Riesenzucht mit sich bringt, auch wegen der Tatsache, dass man einen jungen Riesen wegen der Spätreife der Rasse viel länger halten muss, bis man sieht, was letztlich aus ihm wird.

Ich hoffe, dass ich den Idealisten, die sich dieser „königlichen" Rasse verschrieben haben, mit der vorliegenden Broschüre ein nützliches Werkzeug für ihre Zucht an die Hand gegeben habe, mit dessen Hilfe sie ihre Zucht erfolgreich vorantreiben können.

Hans-Peter Scholz

Allgemeines

Besonders in den ländlichen Regionen ist es seit eh und je so: Wenn die Lokalschau abgehalten wird, kann man getrost einen 97er einer kleinen Rasse zum Verkauf anbieten. Der sitzt am Sonntagabend immer noch da, selbst wenn er nur 20 € kostet. Etwas ganz anderes ist es jedoch, wenn es sich bei den Verkaufstieren um „Riesen" handelt. Da ist es sogar fast egal, wie sie aussehen, geschweige, wie sie bewertet worden sind. Die Landbevölkerung, die von nah und fern angereist kommt, stürzt sich regelrecht auf diese Tiere.

Ursache ist die immer noch sehr verbreitete Überzeugung, die Riesen seien besonders wirtschaftlich. Diese verdankt ihr Entstehen der oft allzu menschlichen Denkweise, dass „groß" auch „viel" bringt. Dabei hat die Tierzuchtwissenschaft bereits seit geraumer Zeit bewiesen, dass diejenigen Tierarten einer Spezies besonders ökonomisch sind, die sich in der Form einer Kugel annähern – bei den Kaninchen sind das besonders die gedrungenen Rassen im mittleren Gewichtssegment.

Aber die Überzeugung sitzt derart tief in den Köpfen, dass einer, der sich anschickt, sie vom Gegenteil zu überzeugen, regelmäßig nach einiger Zeit völlig desillusioniert aufgibt. Warum sollten die denn etwas anderes glauben? Wir wissen doch alle, dass der Glaube Berge versetzt, und die, die Riesen anzubieten haben, reiben sich ob der guten Geschäfte die Hände. Nun, trotz aller Einwendungen, junge Riesenkaninchen entwickeln sich besonders gut in geräumigen ehemaligen Schweineställen, in denen sie genügend Platz zum Bewegen haben.

Auch in der deutschen Rassekaninchenzucht spielen die Riesenkaninchen eine ganz besondere Rolle. Gerade in heutiger Zeit verdienen diejenigen, die den hohen Idealismus aufbringen, den die Riesenzucht zweifelsohne fordert, besondere Achtung. Denn heutzutage gibt es immer weniger Platz für die Kleintierzucht und wir Kaninchenzüchter sehen uns immer mehr Angriffen seitens unserer Mitmenschen ausgesetzt, die sich durch unser Hobby und unsere Tiere belästigt fühlen. Auf den Ausstellungen sind die großen und urwüchsigen Kaninchen jedenfalls ein echter „Besuchermagnet". Gerade diejenigen, die eigentlich mit Rassekaninchen nichts „am Hut" haben, sind immer wieder erstaunt, dass es so große Kaninchen gibt.

Von der Genetik her ist die Zucht der Deutschen Riesen nicht schwieriger als die Zucht anderer Kaninchenrassen auch. Dennoch ist sie nicht ohne Probleme. Kann der effektiv arbeitende Mittel- oder Kleinrassenzüchter viele, wenn nicht gar über hundert Kaninchen im Jahr ziehen und die „Besten" für weitere Nachzucht und Ausstellung aussuchen, so ist der Riesenzüchter regelmäßig durch den enormen Futter- und Platzbedarf seiner „Lieblinge" deutlich eingeschränkt.

Waren seit den Anfängen der Zucht die grauen Deutschen Riesen der dominierende Farbenschlag, so haben die Züchter der weißen Deutschen Riesen doch mittlerweile nicht nur bezüglich der Tierqualität mit den Grauen gleichgezogen oder sie schon in manchen Zuchten überholt. Auch was Größe und „Stämmigkeit" betrifft, sind sie mindestens auf gleichem Stand. Auf der Bundeskaninchenschau Nürnberg 2005 wurden neben den verbreiteten grauen und weißen Farbenschlägen auch Deutsche Riesen in Schwarz, Blau, Blaugrau, Chinchillafarbig und vor allem auch in Gelb in größerer Zahl und in ansprechender Qualität ausgestellt. Die dort gezeigten Kaninchen berechtigten zu der Hoffnung, dass auch die „andersfarbigen" Deutschen Riesen nicht nur an Verbreitung, sondern auch an Qualität gewinnen werden. Eine Bereicherung für eine „gigantische" Kaninchenrasse!

1,0 grau (E. Kremer, Cuxhaven). Foto: B & S Fotostudio

Zuchtgeschichte

Riesenkaninchen gibt es in Flandern etwa seit 1825, in Nordfrankreich seit 1850. Allgemein glaubt man, Riesenkaninchen seien durch eine Mutation entstanden. Es ist nur auffallend, dass man weder weiß, wann und wo, noch bei welchem Züchter sich dieses Ereignis zugetragen hat, das sicher mehr Aufsehen erregt hätte als die ganze Reihe von Farbenrassen vor- und nachher.

Natürlich hat die Entstehung der Riesenkaninchen genetische Ursachen. Die Merkmale Größe und Gewicht unterliegen unter anderem der sogenannten polyfaktoriellen Vererbung. Die entsprechenden Gene lassen sich summieren oder verdünnen; auf sie gehen nach Prof. Nachtsheim der Riesen- und Zwergwuchs zurück.

Die Gensummierung besorgte man in Belgien und Nordfrankreich reichlich. Um möglichst große Tiere zu erhalten, paarte man ausschließlich die Größten untereinander, so wie dies ja auch in Deutschland geschah, als man das Gewicht des Flandrischen Riesen verdoppelte.

Aus dem großen Belgischen Landkaninchen war also durch Zuchtwahl in der Gegend um Gent das Flandrische Riesenkaninchen entstanden. Ein Zeitgenosse schätzte die Anzahl der Riesenzuchten um das Jahr 1890 allein in Flandern auf 15.000. Fast ausschließlich waren es Arbeiterfamilien, die sich diese großen Tiere hielten. Entscheidend waren allein Größe und Fellqualität, nicht weniger auch die Fruchtbarkeit; Farbe und andere Eigentümlichkeiten waren nebensächlich.

Das um 1890 bei uns eingeführte Flandrische Riesenkaninchen hatte ein Gewicht von 4 bis 5 kg und eine Länge von 58 bis 60 cm. Es war wildfarbig und hatte nicht selten weiße Abzeichen wie Stirnblesse, Brustflecken, weiß gebänderte Läufe oder doch weiße Pfoten und Hänge- oder Kippohren. Dennoch: Dieses Riesenkaninchen fand rasch überall Liebhaber, nicht nur bei uns. In ganz Europa erregte es Aufsehen wie keine Rasse nach ihm, von den Rexen abgesehen. Bis zum Ersten Weltkrieg bevölkerte es die Hälfte der Schaukäfige auf allen deutschen Ausstellungen, trotz der zahlreichen attraktiven neuen Rassen. Grund für diese erstaunliche Beliebtheit waren Größe und Wirtschaftlichkeit.

1893 wurde der Flandrische Riese – um die Jahrhundertwende in Belgisches Riesenkaninchen umbenannt – im ersten deutschen Standard neben fünf anderen Rassen erwähnt. Gefordert wurden 1. Gewicht (von 4,5 kg), 2. Länge, 3. Bodenfreiheit; die Farbe hatte auf die Bewertung keinen Einfluss.

Der Gedanke lag nahe, neben den mehr oder weniger grauen Riesen auch rein weiße zu züchten. Das große, weiße Fell allein war schon verlockend und die Zucht einfach. Denn da die Anlage für Albinismus rezessiv ist, albinotische Tiere also reinerbig sind, sind albinotische Riesenkaninchen durch Kreuzung von wildfarbigen Riesenkaninchen und albinotischen Kaninchen irgendeiner Rasse und durch Rückkreuzung ohne Schwierigkeiten zu erhalten.

Auf diese Weise ist das weiße Riesenkaninchen auch entstanden: „Im Jahre 1898 kaufte ich gelegentlich ein weißes gewöhnliches Kaninchen im Gewicht von 6 Pfund. Da ich nun großes Vergnügen an der weißen Farbe hatte, das Tier mir jedoch zu klein war, so kreuzte ich es mit Belgischen Riesen und betrieb Schlachtzucht damit. Ich behielt immer die besten Weißen zur Nachzucht und hatte den Erfolg, in etwa 6 Jahren ein Gewicht von 11 Pfund zu erreichen. Seit 1906 fällt kein farbiges Tier mehr. Von jetzt ab legte ich auch mehr Wert auf Körperbau sowie auf Fell und Farbe …“ (von Styp-Rekowsky,

1. Kassierer des Internationalen Klubs der Weißen-Riesen-Züchter).

Der 2. Vorsitzende des gleichen Klubs begann die Zucht weißer Deutscher Riesen mit Zufallstieren aus Belgischen Riesen, ein ungenannter Züchter aus weißen Deutschen und weißen Dänischen Kaninchen. Ab 1911 wurde der Farbenschlag vom Preußischen Landesverband als selbstständige Rasse vom deutschen Einheitsstandard als Farbenschlag des Riesenkaninchens geführt. 1904 waren die Weißen erstmals der Öffentlichkeit vorgestellt worden. Zur Zeit ihrer größten Verbreitung meldeten die Leipziger Schauen Rekorde: 1926 waren es 80, 1928 160, 1932 250, 1934 400 weiße Riesen.

Primäres Zuchtziel bei wildfarbigen und weißen Riesen war zunächst das Gewicht. Man wünschte in Deutschland möglichst schwere Tiere, ebenso in Belgien. In Holland und England dagegen bevorzugte man die Farbenreinheit. Man züchtete und fütterte und erhielt wohl schwere, doch auch plumpe, unharmonische Riesenkaninchen. Da erinnerte man sich an die Länge und züchtete lange Tiere, ohne gleichzeitig an die Breite zu denken und zog schmale, schwachknochige Riesen. Um 1900 waren Riesen von 13 bis 14 Pfund und einer Länge von ca. 63 cm die Regel, 1901 erreichten sie ein Gewicht bis zu 15 Pfund und eine Länge von 67 bis 68 cm, der Einheitsstandard von 1908 forderte dagegen ein Gewicht von 11 Pfund. Der Zug der Zeit aber ging eindeutig in Richtung Gewicht und Länge. Um 1910 hatten die grauen Riesen ein Durchschnittsgewicht von 15 Pfund und eine Länge von 72, ja bis zu 78 cm. Die Bewertungsbestimmungen des Landesverbandes Preußischer Kaninchenzüchter aus dem Jahre 1912 vergab für eine Länge von 74 cm 30, für ein Gewicht von 15 Pfund 20, für Körperbau und hohe Stellung 20 Punkte usw. Die Höchstpunktzahl für Fell und Farbe betrug damals 10 Punkte.

Unversehens war man ins entgegengesetzte Extrem geraten und hatte überdimensional lange Riesen erzüchtet. Die Züchter selbst aber nannten diese Riesen ironischerweise „Seeschlangen mit Kaninchenkopf", „Windhunde" und Ähnliches. Dem Gewicht der Tiere waren offenbar Grenzen gesetzt; hinzu kam noch: Die Zuchttauglichkeit war infrage gestellt. Die überlangen Tiere waren zum Teil nicht mehr in der Lage, den Deckakt auszuführen. Diese unerwartete neue Lage zwang die Züchter zur besseren Einsicht, dass Größe, Gewicht, Länge und Breite in einem harmonischen Verhältnis zueinander zu stehen haben. Noch immer aber bewertete auch die 2. Auflage der preußischen Bewertungsbestimmungen des Jahres 1920 – der Einheitsstandard von 1920 tat es ihm gleich – Körperform, hohe Stellung und Ohren mit 20, die Länge mit 30, das Gewicht mit 20 Punkten, Fell und Farbe ebenfalls mit 20 Punkten und begnügte sich mit einer Länge von 70 cm und einem Gewicht von 14 Pfund. Der Reformstandard des Landesverbandes sächsischer Kaninchenzüchter des gleichen Jahres verlangte lediglich ein Gewicht von 11 Pfund.

Die Einheitsbestimmungen von 1926 – die 2. Auflage von 1931 blieb unverändert – lauteten für ganz Deutschland: für Größe und Länge bis zu 20 Punkte, für Gewicht 20, Körperform, hohe Stellung, einschließlich Ohren 20, Farbe 10, Fell 20 Punkte. Die Länge wurde nicht mehr gemessen, das Normalgewicht lag bei 14 ½ Pfund.

Aus den Standardänderungen ist die Entwicklung der Rasse abzulesen. Man sieht, es war ein langer Weg der Irrungen und Wirrungen, und noch immer war er nicht zu Ende. 1931 erlebte die Rasse ihren Höhepunkt. Denn wenige Jahre später, 1936, ging man zur Bewertung A des Rassewertes und B des Zuchtwertes über und vergab jeweils bis zu 50 Punkte. Die Zeit der sogenannten Wirtschaftsrassen begann. 1937 änderte man den Namen in Deutsche Riesenkaninchen um, setzte das Normalgewicht auf 11 Pfund zurück, machte es also geradezu zu einer Mittelrasse und erkannte ihr den Wirtschaftswert ab. Für den Züchter bedeutete dies den Verzicht auf jegliche Förderung, die anderen Rassen in so reichem Maß zuteil wurde; auch mit Preisen hatte der Züchter nicht mehr zu rechnen. Das war der Grund dafür, dass die Deutschen Riesen kaum mehr zu sehen waren.

Der Deutschen Riesenzucht aber tat dies keinen Abbruch. Im Gegenteil, sie gewann eine neue Dimension hinzu. Man ging daran, sich noch mehr als bisher um die Wirtschaftlichkeit der Rasse zu mühen. Man züchtete wieder echte Riesen, ging aber von der extremen Länge und dem schmalen Körper mit dem aufgezogenen Hinterleib ab und wandte sich dem auch in der Großviehzucht gültigen und bewährten Wirtschaftstyp zu: Die Walzenform mit den erheblichen Fleisch- und Muskelpartien wurde auf den Schild gehoben. Gleichzeitig erhielt das Fell längeres Haar und eine dichtere Unterwolle. Auch das Fell wurde nunmehr interessant.

Die Rasse ist überraschend gut über den Krieg und seine Folgen hinweggekommen. Wenn auch in den 1950er- und 1960er-Jahren die gehabten Schwierigkeiten erneut zu Tage traten, ist man heute auf dem besten Wege. Vorherrschende Zuchtziele sind ein vernünftiges Gewicht, ideale Form, Farbenreinheit und Wirtschaftlichkeit.

Heute gehören die Deutschen Riesen mit zu den Besten unserer Kaninchenrassen. Das soll natürlich nicht heißen, dass das immer so bleiben muss.

1,0 weiß (N. Madenia, Ravensburg). Foto: B & S Fotostudio

Gewicht, Körperform, Bau und Stellung

Bei den pigmentierten Deutschen Riesen fordert der Standard ein Normalgewicht von 7 kg, bei den weißen von 6,5 kg. Im Jahr 2007 führte die ZDRK-Standardkommission bei den großen Rassen Höchstgewichte ein. Die Deutschen Riesen (grau, andersfarbig und weiß) dürfen somit maximal 11,5 Kilogramm wiegen. Ich glaube, mit diesem Höchstgewicht kann die Rasse „gut leben", zumal Tiere über 10 Kilogramm bei Riesenkaninchen ohnehin die Ausnahme sein dürften. Dieses Höchstgewicht garantiert auch, dass die Riesen wirklich Riesen bleiben.

Damit wurde auch dem Umstand Rechnung getragen, dass die Tiere durch Größe und Gewicht nicht in wichtigen Vitalfunktionen eingeschränkt sind, wie beispielsweise einige sehr große Hunderassen. Die Einführung der Obergrenze war ohnehin mehr eine kosmetische Korrektur, weil die allermeisten Riesen sich in dem jetzt verbindlichen Größen- und Gewichtsrahmen bewegen. Allerdings wird in Zukunft der weiße Farbenschlag auch gewichtsmäßig den pigmentierten Deutschen Riesen angeglichen werden, weil es angesichts durchweg kräftiger und großer weißer Deutscher Riesen eigentlich keinen Grund mehr für das niedrigere Standardgewicht dieser Varietät gibt.

Zur Zucht jedenfalls sind Tiere, die ausgewachsen unter 8 kg bleiben, nur bedingt geeignet. Eine gestandene Riesenhäsin sollte schon rund 9 kg auf die Waage bringen. Der Sinn der Zucht ist, wie bei allen anderen Kaninchen, ganz besonders jedoch bei den Deutschen Riesen nicht darin zu sehen, diese auf das Normalgewicht erst zu mästen. Nein, dieses sollten die Tiere schon durch eine „normale" Fütterung erreichen können.

Auch das Wammenproblem lässt sich bei der Zucht mit größeren und schwereren Tieren deutlich besser in den Griff bekommen. Wie wir ja wissen, ist zwar die Anlage zur Wamme erblich, der Zeitpunkt und der Grad ihrer Ausprägung wird jedoch auch stark von der Fütterung der Tiere mit beeinflusst. Dazu jedoch später mehr.

Auch für das Erreichen der vom Standard festgelegten Länge der Tiere, bei vorgegebener Körperform, ist einiges an Gewicht erforderlich, sodass man auch hier sagen muss, dass das umso einfacher geht, je großer und schwerer das Kaninchen im Rahmen des Standardgewichts ist. Wir wollen ja weder die langen, schmalen „Handtücher", die es in den 1920er-Jahren schon einmal gab, noch die kurzen, runden „Knubbel", sondern ein Tier, das nicht nur groß, lang und schwer ist, sondern das auch formlich den hohen Anforderungen des Einheitsstandards genügt.

Man war früher teilweise noch der Meinung, die Züchter sollten sich bezüglich Gewicht und Größe ihrer Tiere eine gewisse Selbstbeschränkung auferlegen. Das kann doch irgendwie nicht richtig sein und dem widerspricht auch die im Standard fixierte Gewichtsspanne von 7 bis 11,5 Kilogramm: Vielleicht hat diese Auffassung, zusammen mit der teilweise übertriebenen Selektion auf Tiere mit extrem rundem Becken, auch mit dazu beigetragen, kurze, runde Typen zu etablieren. Bei einem Riesen muss man, wenn er lang genug ist, die Beckenknochen ein wenig fühlen können. Hochstehen sollten sie jedoch keinesfalls. Für die Zucht hat zu gelten: Je großer, länger und schwerer die Tiere sind, desto besser ist es, zumindest im Rahmen der Standardvorgaben.

Für die Körperform fordert der Standard bei den Deutschen Riesen, dass diese einen großen, gestreckten Körper zeigen sollen, aber auch einen breiten und tiefen

Rumpf und einen starken Knochenbau. Der Rumpf sollte bei guter Breite stark bemuskelt sein und darf sich von hinten nach vorn nur unwesentlich verjüngen. Die Hinterläufe sind kräftig, breit und parallel zueinander gestellt. Ebenfalls breit gestellt sind die sehr kräftigen, mittellangen und geraden Vorderläufe. Sie geben den Tieren eine gut mittelhohe Stellung – wegen der Größe der Tiere dennoch mit relativ viel Bodenfreiheit. Die übertriebene Stellung der Hasenkaninchen ist bei den Riesen aber nicht erwünscht.

Hochstehende Beckenknochen sind ein vererblicher Skelettfehler: Sie beruhen darauf, dass die sogenannten Darmbeine zu steil gestellt sind und daher die Hüfthöcker das Kreuzbein überragen. Diese sollte man auch bei den Deutschen Riesen keinesfalls dulden, sodass damit behaftete Tiere der Selektion anheim fallen sollten. Natürlich sind auch die normal gelagerten Hüftknochen beim Überstreichen des Beckens zu fühlen, besonders bei den gestreckteren Kaninchenrassen, zu denen ja auch die Riesen gehören. Ein „gleich runder Riese" wird sich bereits aus anatomischen Gründen nie so rund anfühlen wie ein entsprechender Weißer Neuseeländer, der aufgrund der Knochenverkürzungen im Beckenbereich und der extremen Bemuskelung überhaupt keine Hüftknochen zu haben scheint.

Umgekehrt muss auch geschlossen werden, dass ein Riese, bei dem überhaupt keine Hüftknochen mehr fühlbar sind, bereits von vornherein zu kurz sein muss. Hier sollte als Faustregel für die gestreckten Riesen gelten: Die Hüftknochen soll man zwar fühlen, die prüfende Hand sollte sich jedoch nicht hart an ihnen stoßen. Mit der Zeit bekommt man ohnehin den richtigen Griff dafür. Wenn hier etwas sachgemäßer beim Bewerten vorgegangen wird, werden die Tiere von allein schon wieder länger. Vielleicht wäre es auch wieder sinnvoll, die Körperlänge der Tiere zu messen, wie andernorts und früher hier auch schon einmal üblich.

„Stellung" zeigen auch nicht alle Deutschen Riesen, wie sie das tun sollen, legt man den Standard zugrunde. Unverständlich ist mir allerdings, wenn Tiere, die sich partout weigern, sich zu stellen, in der Körperform noch 19 Punkte erhalten.

In engem Zusammenhang mit der Stellung steht das gesamte Skelett der Tiere. Die Knochen, aus denen es gebildet wird, sollen eine gute Stabilität zeigen. Aber auch die Sehnen und Bänder müssen fest und stabil sein. Ein wichtiger Indikator für ein hervorragendes Skelett ist die Rückenlinie. Sie soll vom Genick bis zur Kruppe eine ebenmäßige Gerade bilden und am Becken in eine sanfte Rundung übergehen. Dabei spielt die Wirbelsäule, die das gesamte Gewicht des Tieres zu tragen hat, eine eminent wichtige Rolle. Unebenheiten in der Rückenlinie, bekannt als Knick hinter den Schulterblättern, beruhen auch immer ein wenig auf einer Schwäche der Wirbelsäule. Hauptursache hierfür sind natürlich Schwäche oder Überbelastung der Bänder, die die Schultern zusammenhalten. Oft geht der Fehler auch einher mit einer O-beinigen Verstellung der Vorderläufe. Bereits bei kleinen Jungtieren erkennt man die Tendenz zu diesem Fehler, wenn sich bei ihnen die Schulterblätter bei Bewegung auf dem Rücken verschieben.

Letzter Punkt, der unter dem Thema Körperform angesprochen werden muss, sind die leidigen Wammen so mancher Tiere. Wammen werden in der Anlage – das wissen wir alle – durch mehrere gleichgerichtete dominante Gene vererbt. Ihre Ausprägung wird jedoch durch die Umwelt des Tieres (Fütterung, Bewegung), aber auch durch sein Geschlecht (Häsin) beeinflusst. Für die Zucht heißt das: Wammenträgerinnen möglichst weitestgehend ausmerzen, auch Rammler, deren Mütter oder Wurfschwestern starke Wammenträgerinnen sind. Für die Haltung jedoch heißt das: Heranwachsende Zucht- und Ausstellungstiere sind keine Masttiere, außerdem brauchen sie viel Bewegung.

Hartnäckig hält sich die Überzeugung, Wammentiere seien die besseren Mütter. Dabei hat bereits Nachtsheim in seinem Werk „Vom Wildtier zum Haustier“ festgestellt, dass es sich bei den Wammen um eine Degeneration im Rahmen der Domestikation handelt. Wildkaninchen, die nach wie vor leistungsfähigste Kaninchenrasse, haben jedenfalls nie Wammen. Mir scheint die Behauptung, dass Wammen-Häsinnen besonders leistungsfähig seien, jedenfalls nichts anderes zu sein als ein Alibi derjenigen, die in ihrer Zuchtarbeit die notwendige Konsequenz bei der Selektion vermissen lassen.

Ich habe bei meiner Tätigkeit als Preisrichter bereits fast zweijährige Häsinnen mit 9,5 kg Gewicht auf dem Tisch sitzen gehabt, die weder Wamme noch loses Brustfell zeigten und damit eindrucksvoll bewiesen, dass dies möglich ist. Gleichzeitig zeigt es aber auch, was man als Preisrichter für die Höchstnote fordern muss, um diese nicht leichtfertig zu vergeben. Eine harte und gerechte Bewertung bringt auch den Deutschen Riesen mehr als ein lockeres „Drüberbewerten“, wenn auch so mancher Züchter Letzteres bevorzugt.

Wichtiges Merkmal der Körperform bei den Riesen ist auch die Blume. Diese sollte relativ lang sein, groß und buschig sowie aufrecht und – fest am Körper anliegend – nicht zu stark spielen.

Kopf und Ohren

Kopf und Ohren werden bei den „farbigen“ Deutschen Riesen in der Position 4, bei den albinotisch-weißen, wie es der Systematik des Standards entspricht, in den Positionen 5 und 6 bewertet. Der Kopf soll groß, mit breiten, starken und vollen Backen sowie mit einem gut entwickelten Ober- und Unterkiefer versehen sein. Er soll mit dem Körper eine harmonische Einheit bilden, sowohl was seine Größe als auch was seine Form betrifft.

Nirgends jedoch steht bei den Deutschen Riesen, dass der Kopf kurz sein soll. Das hat auch seinen guten Grund: Zu einem gestreckten Tier passt nun einmal kein verkürzter Schädel wie zu einem gedrungenen Kaninchen vom Typ der Weißen Neuseeländer oder der Alaska, aber auch der Widder. Daher ist die Tendenz so mancher Riesenzüchter, die Schädel ihrer Tiere zu verkürzen, sicherlich ein Schritt in die falsche Richtung, ganz besonders auch deshalb, weil die Proportionen des Kaninchens ganz offensichtlich durch Gene festgelegt werden, die miteinander verkoppelt sind. So ist eine Verkürzung des Schädels ohne gleichzeitige Verkürzung des ganzen Tieres in der Zuchtpraxis genetisch überhaupt nicht möglich. Gute Deutsche Riesen treten meines Erachtens ohnehin sehr anschaulich Beweis dafür an, dass es möglich ist, Tiere mit imponierendem Kopf zu züchten, ohne dabei den Schädel verkürzen zu müssen.

Eine gute Stirn- und Schnauzenbreite sollte nicht nur von den Rammlern, sondern auch von den Häsinnen gefordert werden. Denn um gute „Kopframmler“ züchten zu können, bedarf es auch der Mithilfe der entsprechenden Mütter. Dennoch sollte der Rammler auf den ersten Blick von der Häsin aufgrund seines Kopfes zu unterscheiden sein: Bei Rammlern ist, sozusagen als sekundäres Geschlechtsmerkmal, die Kaumuskulatur der Kinnbackenpartie deutlich kräftiger ausgeprägt. Aus diesem Grund soll auf dieses Merkmal bei einem Zuchtrammler größter Wert gelegt werden. Anders bei der Häsin: Eine sehr starke Ausprägung der Kinnbackenbemuskelung kann bei dieser ein Indiz dafür sein, dass sie über zu viele männliche Hormone verfügt. Solche Häsinnen werden zwar auf Schauen regelmäßig sehr hoch bewertet, versagen dann leider nur allzu oft in der Zucht. Keine Regel ohne Ausnahme: Daher sollte man als Züchter, wenn man über eine solche hervorragende Ausstellungshäsin mit ausgeprägtem Rammlerkopf verfügt, in jedem Fall versuchen, mit ihr zu züchten. Manchmal kristallisiert sich sogar eine solche Häsin gegen alle Regeln der Natur als hervorragende Zuchthäsin heraus.

Auch die Ohren sollen in der Länge und in der Beschaffenheit zu den Riesen passen. In der Länge passen sie, wenn sie gut ein Viertel der Länge des Tieres ausmachen. Für einen Riesen von 72 cm Länge ist also eine Ohrenlänge von gut 18 cm angemessen. Bei guten und sehr großen Riesen überschreitet sie oft sogar deutlich die 20-cm-Grenze.

Im Standard wird eine Ohrenlänge von 18 bis 19 cm als ideal benannt, was jedoch nicht heißen soll, dass bei größeren Tieren auch längere Ohren ideal sind. Probleme gab es, weil einige Preisrichter dieses stringent auffassten und Tiere mit längeren Ohrmuscheln straften. Aber das ist mittlerweile geklärt. Auch deutlich längere Ohren sind ideal, soweit sie von der Struktur der Ohrmuscheln und der Trageweise her dem Ideal entsprechen.

Im Gewebe sollen die Ohren sehr kräftig sein, an den Enden gut abgerundet und insgesamt sollen sie nicht zu breit gestellt sein. Besonders gut wirken die Ohren natürlich, wenn die Ohrmuscheln sehr breit sind und offen getragen werden. Kippohren treten bei Jungtieren besonders dann recht häufig auf, wenn die Tiere ein besonders starkes Ohrengewebe haben. Ist die Ohrmuschel ausgewachsen und genügend verknorpelt, gibt sich diese Abweichung regelmäßig. Deshalb sollten die Preisrichter diese Kippohren bei jungen Tieren auf den Jungtierschauen auch nicht übermäßig bestrafen; erst bei Tieren über fünf Monaten

1,0 gelb (W. Herrmann, Karlsruhe). Foto: B & S Fotostudio

sollte der Fehler nicht mehr vorkommen. Der im Standard abgebildete graue Deutsche Riese zeigt nach meiner Auffassung in jeder Beziehung ideale Ohren. An ihm müssen sich unsere Riesen auf den Ausstellungen auch messen lassen.

Das Fell

Das Fell des Deutschen Riesenkaninchens war vor und nach dem Ersten Weltkrieg kurz. Gefordert wurde damals eine Länge von 3 cm. Man wünschte ein eng anliegend scheinendes Fell, damit der Körper besser zur Geltung komme. Vielfach gab auch die Unterwolldichte zu Beanstandungen Anlass, denn die Felle waren meist hart und spröde. Nun ist nur ein unterwollreiches Fell eine dankbare Kürschnerware. Es hat ganz den Anschein, als hätte man in den Anfängen der Deutschen Riesenzucht vor lauter Gewicht und Länge das Fell übersehen. Die permanente Vernachlässigung eines Erbmerkmals über eine längere Zeit hinweg bedeutet aber nicht selten seine Verdrängung. Heute wird ein 4 cm langes und unterwollreiches Fell verlangt; Anfang der 1950er-Jahre war die Qualität der guten mittelrassigen Fellträger erreicht.

Das Fell hat die natürliche Aufgabe, seinen Träger zu schützen. Die sehr feine Unterwolle sorgt für den Temperaturausgleich, die etwas längeren, härteren, doch elastischen und mit einer verdickten glasartigen Spitze versehenen Grannen, die zu den Unterwollhaaren etwa im Verhältnis 1:200 stehen, decken die Unterwolle ab und bewahren sie und das Tier vor Nässe, Schmutz und leichteren Verletzungen. Bei der Bewertung des Fells wird nach folgenden Merkmalen geschaut: nach dem Unterwollreichtum, der Verteilung des Grannenhaares und, da für ein Ausstellungstier nicht unwichtig, dem Zustand des Fells.

Unterwollreichtum ist ein wesentliches Erfordernis. Ein Fell ist dann unterwollreich, wenn es sich griffig anfühlt; man hat etwas in der Hand, wenn man ins Fell greift. Die Unterwolldichte prüft man in der Regel dadurch, dass man mit der flachen Hand mehrmals gegen den Strich, das heißt, gegen die Wachstumsrichtung des Fellhaares streicht. Bei einer dichten Unterwolle sinkt das Fellhaar nur langsam in die Ausgangslage zurück; dabei wird der Haarboden nicht oder kaum sichtbar. Ein unterwollarmes Fell lässt die Fellhaare förmlich zurückspringen; die elastischen Grannenhaare finden nicht genügend Widerstand und schnellen zurück.

Die Grannenhaare sollten des Schutzes und des Glanzes wegen möglichst gleichmäßig im gesamten Fell verbreitet sein. Das Grannenhaar auf der Rückenpartie überwiegt, erbbiologisch bedingt, erheblich und nimmt nach unten zu ab; Bauch und Innenseite der Läufe sind relativ schwach begrannt. Es hieße gegen die Natur züchten, wollte man auf einer völligen Gleichmäßigkeit der Grannenverteilung bestehen. Doch liefert die Natur durch die natürliche Variabilität der einzelnen Merkmale selbst die Voraussetzung, dass dieses Zuchtziel eines Tages vielleicht doch mehr oder weniger vollkommen erreicht werden wird.

Vom Grannenhaar wird verlangt, dass es, die Spitzen eingeschlossen, eng anliegt; das Haarkleid erscheint dadurch glatt. Gelegentlich finden sich am Übergang von Flanken und Bauch sowie an den Hinterschenkeln einzelne längere Grannenhaare, die abstehen. Es sind jene Stichhaare, die beim Loh- und Weißgrannenkaninchen sogar gefordert werden. Sie sind leicht zu erkennen, wenn man die Seiten eines Tieres von oben betrachtet.

Dass sich das Fell in einem entsprechenden Zustand befindet, sollte gerade bei einem Ausstellungstier selbstverständlich sein. Es sei also weder verschmutzt, noch sollte es Manipulationen zur Täuschung erkennen lassen, noch darf es Kahlstellen besitzen.

Vergleicht man die allermeisten Felle der Deutschen Riesen, grau, mit denen von kleineren Mittelrassen und Kleinrassen, so muss man feststellen, dass diese Rasse nicht gerade zu den Spitzenrassen gehört, was die Fellqualität anbelangt. Viele Felle sind einfach nur reichlich lang, unterwollarm, weich in der Granne, wenig strukturiert und griffig. Auch hieran sind lasche Bewertungen und zu wenig Selbstkritik der Züchter nicht ganz unschuldig: So muss man auch hier beobachten, dass Tiere mit überlangem Fell, deren Kopf aufgrund der aufgeplusterten Behaarung eine ungeheure Stärke vortäuscht, die sie in Wirklichkeit natürlich gar nicht haben, oft zu gut bewertet und auch bevorzugt zur Zucht eingesetzt werden.

Bei den weißen Deutschen Riesen sieht es im Fell schon deutlich besser aus. Dort finden wir doch eine Reihe von Tieren, die recht ansprechendes und auch griffiges Fell zeigen. Der einfachste Weg für den Riesenzüchter, zu vernünftigen Fellen zu kommen, ist meines Erachtens die Verkürzung der Haarlänge. Das Fell sollte wirklich die 4 cm Haarlänge am Rücken nicht überschreiten. Bei einem relativ kurzen Fell ist nicht nur das Verhältnis Haarlänge zu Haarschaftdurchmesser deutlich besser, was die Stabilität der Grannen erhöht und damit die Griffigkeit des Fells verbessert, sondern auch die Farbwiedergabe wird deutlich besser und intensiver. So sind bei solchen Tieren mit dem kürzeren, griffigeren Fell nur selten die mit den am Rücken hoch hell abgesetzten Unterfarben anzutreffen, wie sie bei den überlang behaarten Tieren die Regel sind. Auch der bei Deutschen Riesen keinesfalls selten auftretende Filz an Läufen, Geschlecht und Blume ist nur allzu oft ein Indiz für eine insgesamt zu lange und zu feine Behaarung des ganzen Tieres.

Ein gutes Fell jedenfalls zeichnet sich auch beim Deutschen Riesen dadurch aus, dass es, wenn man gegen den Strich über den Rücken fährt, langsam und elastisch in die Ursprungslage zurückgleitet. Außerdem darf das Auge, das der Hand bei dieser Prüfung aufmerksam folgt, nicht übermäßig viel Haut erblicken. Aber welches Riesenfell ist bei den Grauen schon so strukturiert?

Gerade die Parameter für eine einwandfreie Fellstruktur werden nur durch einige wenige Gene vererbt, sodass es eine der einfachsten Übungen ist, einem Stamm ein einwandfreies Fell zu züchten. Verwunderlich, warum hier so viele Punkte verschenkt werden. Auch ist bekannt, dass Häsinnen regelmäßig ein besseres Fell haben als Rammler. Züchter, die das Wammenproblem nicht richtig in Angriff nehmen, können jedoch oftmals ihre Häsinnen nur sehr jung ausstellen, wenn überhaupt. Die anderen Züchter, die vernünftige Häsinnen haben, machen in der Fellposition bereits regelmäßig einen Punkt mehr als diejenigen, die sich aus welchen Gründen auch immer auf das Ausstellen von Rammlern beschränken.

Ein weiterer Punkt, der unter dem Gesichtspunkt Fellqualität unbedingt anzusprechen ist, ist die Haarung der Tiere. Der Standard fordert, dass das Fell unserer Kaninchen auf der Ausstellung in einwandfreiem Zustand zu sein hat. Es sollte auch nicht in Haarung sein, denn ein Haarungs-Fell lässt sich nicht zu hervorragenden Produkten verarbeiten, ist also zur Verwendung wertlos.

Auf der anderen Seite ist die Haarung ein natürlicher Zustand, den jedes Kaninchen mindestens zweimal jährlich durchmachen muss und der sich auch nicht vermeiden lässt. Beobachten wir unsere Tiere, wie sie die Haarung durchlaufen, so stellen wir fest, dass es doch selbst im gleichen Stamm und unter gleichen Haltungsbedingungen deutliche Unterschiede im Haarungsverhalten der Tiere gibt. Diese müssen, da sie ja nicht haltungsbedingt sind, auf genetischen Grundlagen beruhen. Daher ist man als Züchter in jedem Fall gut beraten, wenn man zwischen zwei gleichwertigen Tieren auswählen muss, sich immer für das zu entscheiden, das am schnellsten durchhaart.

Immer noch haben auch die Züchter des Deutschen Riesenkaninchens mit dem Langhaarfaktor zu tun. Langhaar kann von Angoraeinkreuzungen herrühren, braucht es aber nicht, wenn auch der Gedanke früher oft nahe lag, ein karges Fell durch Angoraeinkreuzung zu verbessern. Langhaar ist auch beim Wildkaninchen gelegentlich zu beobachten. Wohl ist der Faktor für Langhaar (v) rezessiv gegenüber jenem für Normalhaar (V), doch unterliegt die Haarlänge der polyfaktoriellen Vererbung. Daher besitzen spalterbige Tiere gegenüber Normalhaarigen eindeutig längeres Haar. Außerdem neigen sie zur Filzbildung am Becken und im Genitalbereich.

Da überdies rezessiv, kann Langhaar in einem Zuchtstamm längst manifest sein, bevor es entdeckt wird. Aus gutem Grund ist daher Langhaar ein Ausschlussfehler. Auf die Kennzeichen für Langhaar ist also sorgfältig zu achten. Hierzu zählt ein über 4 cm langes Fellhaar, das gleichzeitig flauschig ist, als Bauchhaar pflegt es in der Schoßgegend überlang zu sein (nicht zu verwechseln mit den Stichhaaren!); wenn dann noch an den Hinterläufen, unter der Blume und im Bereich der Kruppe Filzstellen auftreten, bestehen kaum Zweifel.

Farbenschläge

Vorherrschend ist die graue Farbe. Doch überraschend häufig werden auch die weißen Deutschen Riesen gezüchtet. Auch Blaue und Schwarze sind im Kommen. Mit Rücksicht auf die Schwierigkeit der Erzüchtung eines entsprechenden Gewichtes hatte man die Deutschen Riesen, weiß, in den Bewertungsbestimmungen als selbstständige Rasse eingereiht; doch ist der Wortlaut der Rassekennzeichen von Grau und Weiß nahezu identisch. Die Züchter der weißen Deutschen Riesen arbeiten zielbewusst auf das Gewicht der Grauen hin; zumeist haben sie es bereits erreicht. Neben Grau und Weiß sind außerdem noch zugelassen Schwarz, Blaugrau, Blau, Chinchilla und Gelb. Unter der Bezeichnung Grau verbergen sich verschiedene Farbenschläge: Wildgrau, Hasengrau, Dunkelgrau, Eisengrau und Hasenfarbig.

Jahrzehntelang war die Vermischung der einzelnen Grautöne so verbreitet, dass man, anders als in Holland, kaum einmal an die Reinerbigkeit der diversen grauen Farbenschläge überhaupt dachte. Selbst die ursprüngliche Farbe des Kaninchens, die genetisch reinerbige und über alle anderen Kaninchenfarben dominierende Wildfarbe, war, anders als in der Natur, keine Selbstverständlichkeit. Sie einwandfrei zu züchten, galt als schwierig. Vorherrschen sollte ein warmes, weder zu dunkles noch zu rotes Grau. Hier die Farbenschläge im Einzelnen:

Eisengrau

Vorbemerkung: Das Erscheinungsbild der eisengrauen Tiere wird hervorgerufen durch das Aufeinandertreffen der Erbanlagen Be und B. Es handelt sich also um spalterbige Phänotypen. Kaninchen mit der reinerbigen Anlage Be Be erscheinen fast gänzlich schwarz.

Deckfarbe und Schattierung: Die Deckfarbe ist am gesamten Körper gleichmäßig schwarzgrau und mit hellgrauen Grannen schattiert, der Genickkeil nur schwach angedeutet. Die Einfassung der Nase und der Augen sei nur wenig angedeutet; die Kinnbackeneinfassung wird dunkelgrau bis schwärzlich gewünscht. Die Ohren zeigen ein vermehrtes Schwarz; der Ohrenrand ist breit und schwarz; ebenso sind die Ohrenspitzen schwarz. Die Blumenoberseite ist nicht gesprenkelt. Die Deckfarbe am Bauch, an der Unterseite der Blume und an den Innenseiten der Läufe zeigt sich dunkelgrau, insgesamt aber etwas matter und ohne Schattierung. Die Augenfarbe soll dunkelbraun, die Krallenfarbe dunkelhornfarbig bis schwarz sein.

Zwischenfarbe: Die Zwischenfarbe ist nur leicht bräunlich angedeutet; sie sei allerhöchstens schwach erkennbar. Eine kaum oder nicht mehr als solche zu erkennende Zwischenfarbe gilt weder als leichter noch als schwerer Fehler.

Unterfarbe: Die Unterfarbe ist infolge der zurücktretenden Zwischenfarbe am gesamten Körper bis zum Haarboden tief blau. Die Unterfarbe der Blumenunterseite bleibt unberücksichtigt.

Dunkelgrau

Deckfarbe und Schattierung: Die Deckfarbe ist am gesamten Körper gleichmäßig dunkelgrau und mit hellgrauen Grannen schattiert. Der kleine, bräunlich schwarze Genickkeil tritt kaum in Erscheinung. Die Einfassung der Nase und der Augen ist dunkelgrau, nur wenig heller; die Kinnbackeneinfassung wünscht man ebenfalls dunkelgrau. Der Ohrenrand sollte intensiv schwarz gefärbt und etwas breiter sein als beim wildgrauen Farbenschlag, jedoch sauber abgegrenzt. Die Ohrenspitzen sind schwarz. Die Blumenoberseite soll leichte, graubraune Sprenkelung zeigen. Eine schwarze Blumenoberseite ist weder ein leichter noch ein schwerer Fehler. Die Bauchdeckfarbe, die Blumenunterseite und die Innenseiten der Läufe sind dunkelgrau, jedoch etwas matter und ohne Schattierung. Die Augenfarbe sei braun. Die Krallen sind dunkelhornfarbig.

Zwischenfarbe: Die Zwischenfarbe ist bräunlich, schwach angedeutet und nur etwa 3 bis 4 mm breit.

Unterfarbe: Die Unterfarbe ist am gesamten Körper bläulich bis tiefblau und reicht bis zum Haarboden. Die Unterfarbe an der Blumenunterseite bleibt unberücksichtigt.

Wildgrau

Deckfarbe und Schattierung: Die intensiv graubraune Deckfarbe trägt eine kräftige, schwarze, büschelartige Schattierung. Deckfarbe und Schattierung sollen sich gleichmäßig über den ganzen Rücken erstrecken und an den Seiten möglichst weit nach unten reichen. Die Farbe der Brust, der Läufe und der Seiten – etwa ab Mitte der Rumpfhöhe – erscheint etwas heller, da sie eine etwas weniger intensive Schattierung zeigt. Der Genickkeil ist bräunlich und relativ klein. Die Nase und die Augen sind heller eingefasst. Die Kinnbacken sind schmal mit weißer Farbe eingefasst, die nach dem Genick hin in die graue Farbtönung verläuft. Der Ohrenrand wird schwarz gefärbt und sauber abgegrenzt gewünscht. Die Blumenoberseite ist dunkel und mit grauen Stichhaaren intensiv gesprenkelt. Die Deckfarbe am Bauch, an der Unterseite der Blume und an den Innenseiten der Vorder- und Hinterläufe ist weiß. Die Augenfarbe sei braun und die Krallenfarbe dunkel (dunkelhornfarbig bis schwarz).

1,0 grau (H. Prüfling, Hahnbach). Foto: B & S Fotostudio

Zwischenfarbe: Die Zwischenfarbe ist nur auf dem Rücken, an der Brust und an den Körperseiten vorhanden. Sie ist bräunlich bis braunrot, möglichst scharf abgegrenzt und etwa 4 bis 6 mm breit.

Unterfarbe: Die Unterfarbe ist bläulich bis stahlblau. Sie erstreckt sich über den gesamten Körper und reicht bis zum Haarboden. Die Unterfarbe an der Blumenunterseite bleibt unberücksichtigt.

Hasengrau

Deckfarbe und Schattierung: Die Deckfarbe ist ein helleres Graubraun mit etwas schwächerer Schattierung, die die Decke gleichmäßiger erscheinen lässt. Sie soll an den Seiten möglichst weit nach unten reichen. Brust und Läufe haben kaum Schattierung. Die Wildfarbigkeitsabzeichen sind deutlich ausgeprägt: Der Genickkeil sei bräunlich und etwas größer als bei Wildgrau. Die Einfassung der Nase und der Augen wird weiß bis cremefarbig gewünscht; die Kinnbackeneinfassung sollte ebenfalls weiß bis cremefarbig sein. Sie geht in die graubraune Farbtönung über. Der Ohrenrand ist schwarz, etwas schmaler als bei Wildgrau, aber sauber abgegrenzt. Die Blumenoberseite ist ebenfalls etwas heller und intensiv gesprenkelt. Die Deckfarbe am Bauch soll weiß bis cremefarbig sein, auf beiden Seiten zeigt sich je ein gelb- bis rostbrauner Schoßfleck. Die Deckfarbe an der Unterseite der Blume und an den Innenseiten der Vorder- und Hinterläufe ist ebenfalls weiß bis cremefarbig. Die Augen sind braun und die Krallen dunkel (dunkelhornfarbig bis schwarz).

Zwischenfarbe: Die Zwischenfarbe ist nur auf dem Rücken, an der Brust und an den Körperseiten vorhanden. Sie ist intensiv rostbraunrot, möglichst scharf abgegrenzt und etwa 5 bis 7 mm breit.

Unterfarbe: Die Unterfarbe ist bläulich und erstreckt sich über den gesamten Körper bis zum Haarboden; bei älteren Häsinnen kann die vordere Hälfte des Bauches etwas blasser sein. Die Unterfarbe an der Blumenunterseite bleibt unberücksichtigt.

Hasenfarbig

Deckfarbe und Schattierung: Die Deckfarbe ist kräftig rotbraun leuchtend und mit einer flockigen Schattierung versehen, die durch büschelartig zusammenstehende, schwarze Grannenhaare gebildet wird. Sie tritt besonders auf dem Rücken stark in Erscheinung, bedeckt die Schenkel und Hinterläufe und reicht ohne sonderliche Aufhellung über die Flanken bis zum Beginn der Bauchdeckfarbe herab. Die Farbe von Brust und Vorderläufen stimmt mit der Deckfarbe überein, ist jedoch nicht flockig schattiert. Der Nackenkeil ist intensiv lohfarbig. Die Einfassung der Nase und der Augen ist intensiv creme- bis lohfarbig, die der Kinnbacken intensiv lohfarbig. Die kräftig ausgeprägten Ohrenränder sind schwarz gefärbt und sauber abgegrenzt. Die Oberseite der Blume wird schwarz mit intensiver, bräunlicher Sprenkelung gewünscht. Die Deckfarbe am Bauch und an den Innenseiten der Vorder- und Hinterläufe zeigt sich lohfarbig, die Unterseite der Blume cremefarbig abgetönt. Die Augen sind dunkelbraun und die Krallen dunkelhornfarbig.

Zwischenfarbe: Die Zwischenfarbe ist nur auf dem Rücken und an den Körperseiten ausgeprägt vorhanden. Sie ist leuchtend rost- bis braunrot, sauber von der Unterfarbe abgegrenzt und etwa 6 bis 9 mm breit.

Unterfarbe: Die Unterfarbe ist blau und mit etwa ein Drittel der Haarlänge nicht zu breit. Die Bauchunterfarbe braucht nur in Brust- und Schoßpartie vorhanden zu sein. Die Unterfarbe an der Blumenunterseite, im Bereich des Afters und an den Innenseiten der Hinterläufe bleibt unberücksichtigt.

Anmerkung:
Für den Zuchtgruppenwettbewerb auf Ausstellungen wurden folgende drei Farbengruppen festgelegt:
a.) Eisengrau und Dunkelgrau
b.) Wildgrau und Hasengrau
c.) Hasenfarbig
Bei der Anmeldung muss der exakte Farbenschlag angegeben werden. In Zuchtgruppen dürfen nur die Farben der entsprechenden Farbgruppe gemeinsam ausgestellt werden. Verteilung und Anzahl der einzelnen Farben der Farbgruppe innerhalb der Zuchtgruppe ist variabel.

Einiges zur Genetik der grauen Kaninchenfarben

Die Farben Dunkel- und Wildgrau werden in der alten Literatur mit den gleichen Symbolen ABCDG dargestellt. Die Unterscheidung werde durch sogenannte Modifikationsgene bewirkt, daher seien auch alle Zwischenstufen möglich, argumentiert Niehaus in „Unsere Kaninchenrassen“ Band 11, S. 4. In Band I, S. 76 f. führt er zur Unterscheidung von Wild- und Hasengrau weiter aus: „Die bei den Farbenschlägen ‚Hasengrau‘ und ‚Hasenfarbig‘ auftretende Lohe wird von Gelbverstärkern, dort mit dem Symbol y dargestellt, bewirkt, die Ausprägung dieser beiden Farbenschläge hängt dabei von deren Anzahl ab.“

Diese Theorie bereitet insofern einige Schwierigkeiten, dass sich mit ihr nicht alle Vererbungsvorgänge bei wildfarbigen Kaninchen schlüssig deuten lassen. Ich vertrete daher folgende, von Niehaus abweichende Auffassung: Die Ausgangsfarbe ist die Farbe „Dunkelgrau“. Sie hat keine

Gelbverstärker und ihre Erbformel lautet ABCDG. Alle drei helleren Wildfarben, Wildgrau, Hasengrau und Hasenfarbig, unterscheiden sich von der dunkelgrauen Variante durch das Vorhandensein sogenannter Gelbverstärker. Diese Gelbverstärker, die auch zur Gruppe der Modifikationsgene gezählt werden müssen, werden in der Literatur regelmäßig mit dem Kleinbuchstaben y (von engl. yellow) dargestellt, was darauf schließen lässt, dass die Autoren die Gene für rezessiv halten. Niehaus widerspricht sich dann jedoch selbst, wenn er auf S. 18 f. (a. a. O.) ausführt: „Bei Kreuzungen von lohfarbigen bzw. roten Rassen … mit Partnern, die keine y-Faktoren besitzen, wird im Durchschnitt von den rotfarbigen Eltern nur die Hälfte der y-Faktoren auf die Nachkommen übertragen."

Letztere Erfahrungen decken sich mit den auch von mir gemachten, sind jedoch so nur möglich, wenn die Gelbverstärker dominante, sich in ihrer Wirkung kumulierende Modifikationsgene sind, etwa wie die Silberungsfaktoren der Silberkaninchen. Die Erbformel für die drei hellen Schwarzwildfarben muss demnach folgerichtig lauten: ABCDGY1Y2 …

Ein weiteres interessantes Wissen, das in der Form in der Literatur nur in Ansätzen bei Jochen Weishaar zu finden ist, kann dem Züchter wildfarbiger Kaninchen bei seiner Arbeit bestimmte Vorgänge besser begreiflich machen: Es ist die Information, dass bei allen Variationen der Wildfarbe immer ein Zeichnungsmuster aus dem Pool der drei Wildfarben (Dunkel-, Wild- oder Hasengrau) vorliegen muss. So sind beispielsweise die schwarzwildfarbigen Chinchillakaninchen vom Farbverteilungsmuster her „wildgrau", die blauwildfarbigen Perlfeh vom Farbverteilungsmuster her „dunkelgrau" und die fehwildfarbigen Luxkaninchen „hasengrau" (vergl. Weishaar, Das schöne Luxkaninchen, in DKZ 1/1982).

Nach meiner Auffassung lassen sich auch die besonderen Beziehungen (Dominanz/Rezessivität) zwischen den grauen Farbenschlägen nachvollziehen und die vielen möglichen Mischformen erklären.

Eine sehr interessante Variante der Schwarzwildfarbe ist auch die eisengraue Farbe. Sie stellt sich dar als Auswirkung der Mutation des Pigmentfaktors B in Be. Be ist dominant über B. Der eisengraue Farbenschlag ist also über alle anderen Schwarzwildfarben dominant.

In der reinerbigen Form erscheinen die eisengrauen Tiere „meliert schwarz", so sind sie nicht auf Ausstellungen zugelassen. Zugelassen ist nur die spalterbige Form mit der Erbformel BeB, bei der die Tiere ja die Farbe zeigen, die uns als Eisengrau vom Ansehen her bekannt ist. Diese Tiere sind natürlich wegen ihrer Spalterbigkeit nicht rein zu züchten, außer, wenn man wildgraue Tiere mit reinerbigen Eisengrauen verpaart (Uniformitätsgesetz nach Mendel).

Bei Verpaarung zweier eisengrauer Ausstellungskaninchen hingegen fallen nach dem mendelschen Spaltungsgesetz zu 25 % reinerbige Eisengraue „Nichtausstellungstiere", 50 % spalterbige „Ausstellungseisengraue" und 25 % Wildgraue an.

Die grauen Tiere, die bei den Deutschen Riesen vor einigen Jahren auf den Schauen zu sehen waren, waren infolge der wilden Kreuzerei der einzelnen Farbenschläge bei der Rasse vielfach nicht mehr eindeutig einem dieser Farbenschläge zuzuordnen, ähnelten jedoch in der Deckfarbe zumindest meist wildgrauen Tieren. Die Zwischenfarben hingegen sind dann häufig, ebenso wie die Unterfarben, oftmals eindeutiger mangelhaft, als man das vielfach aus den Bewertungsurkunden der Tiere schließen kann. Hier macht sich heute schon positiv bemerkbar, dass der Standard nun schon seit einigen Jahren Farbzuordnung und Farbreinheit verlangt. Das gilt übrigens auch für alle anderen grauen Kaninchenrassen und Farbenschläge.

Nach diesen Erörterungen zur Beschreibung und Genetik der Deutschen Riesen, grau, möchte ich noch einmal kurz einige Zuchtfragen der grauen Farbenschläge ansprechen:

Ein leidiges Problem sind die Binden. Manche Zuchtfreunde haben diese zu ihrem Steckenpferd auserkoren, andere interessieren sich überhaupt nicht für sie. Zuerst sollten wir einmal begrifflich bestimmen, was überhaupt Binden sind. Binden sind helle Streifen auf den Vorderläufen der Tiere, die diese doch schon zu einem beträchtlichen Teil umrunden. Bindenansätze hingegen sind relativ kurz und stellen sich praktisch nur als kleine Zacken dar, die aus der Daumenrichtung in den Vorderlauf hineinragen. Letztere sollten bei den Deutschen Riesen nur dann bestraft werden, wenn sie hellcremefarbig werden. Sind sie gar weiß, muss das Tier mit „nb" ausgeschlossen werden. Sind die Bindenansätze hingegen im Farbton der Zwischenfarbe, sollten sie erst dann bestraft werden, wenn sie völlig um den Lauf herumlaufen. Bei Hasengrauen zeigen die Vorderläufe ohnehin kaum schwarze Begrannung.

In diesem Zusammenhang sollen auch noch kurz die hellen Zehenpunkte der grauen Tiere angesprochen werden. Diese finden im Gegensatz zu den Loh, bei denen sie sich deutlich abheben, bei grauen Kaninchen keine Erwähnung, sind jedoch bei allen wildfarbigen Rassen vorhanden. Solange sie nicht wesentlich heller werden als die Zwischenfarbe der Tiere, braucht man sie auch nicht besonders zu beachten. Werden diese jedoch bei Tieren weiß, wie man es in letzter Zeit bei grauen Tieren verstärkt antrifft, sollte man sich als Preisrichter auch nicht scheuen, solche Tiere wegen weißer Abzeichen auszuschließen. Diese sollten jedoch nicht verwechselt werden mit weißen Haaren zwischen den Zehen, die darauf beruhen können, dass die weißlichen Haare der Sohlen beispielsweise beim Krallennachsehen zwischen den Zehen hindurchgedrückt worden sind. Die sehr hellcremefarbigen oder gar weißen Abzeichen an den Pfoten der Tiere verdienen äußerste Aufmerksamkeit, sonst könnte das, was mit ihnen begonnen hat, irgendwann mit weißen Pfoten enden.

Ein weiteres wichtiges Merkmal ist die Schattierung bei den grauen Riesen. Wenn man die Käfigreihen bei Ausstellungen abschreitet, so muss man leider feststellen, dass nur wenige Tiere eine richtig kräftige und flockige Schattierung auf dem Rücken zeigen. Diese sollte man jedoch sowohl bei hasen- wie auch bei wildgrauen Tieren in jedem Falle verlangen. Zeigen die Tiere keine flockige Schattierung, kann man davon ausgehen, dass das vor allem daran liegt, dass die Tiere nur über eine mangelhafte Fellstruktur verfügen und ihre Begrannung insgesamt zu fein, zu kurz (im Vergleich zur Unterwolle) oder zu gleichmäßig ist. Als ideal ist ein Riesenfell nur dann anzusehen, wenn es bei der oben unter dem Titel Fell beschriebenen Prüfung „kräftig arbeitet" und außerdem noch über eine kräftige Begrannung und damit automatisch über eine flockige Schattierung zumindest am Rücken verfügt.

Zum guten Schluss noch einige Worte zur weißen Durchsetzung der Tiere. Diese nimmt immer mehr zu. Schuld daran sind nicht wenig die vielen Abendbewertungen im „schummerigen" Schein einer Glühlampe, wie sie immer häufiger werden. Da kann man als Preisrichter Augen haben wie ein Luchs, weiße Haare findet man bei solchen Lichtverhältnissen lediglich noch bei dunkel- oder eisengrauen Kaninchen.

Mangelhafte Zwischenfarben – hierbei ist die Zwischenfarbe, die eigentlich von der Decke bis zur Unterfarbe homogen im gleichen Farbton verlaufen sollte, selbst noch einmal in mehrere unterschiedliche hellere und dunklere Farbzonen unterteilt – verdienen ebenfalls mehr Beachtung. Auch diesen Fehler kann man wie andere Farbfehler häufig auf das „wilde“ Durcheinanderkreuzen der verschiedenen grauen Farbenschläge zurückführen – so übrigens auch die Breite der Zwischenfarbe, die nicht immer dem Farbtyp der Deckfarbe entspricht.

Auch die Unterfarben sind nicht immer so, wie man sie wünscht: Zwar können diese bei den wildgrauen und noch mehr bei den hasengrauen Tieren heller und schmaler sein als bei den dunkel- und eisengrauen, jedoch sollten sie bis zum Haarboden durchgehen. Man findet jedoch häufig Tiere – besonders sind das die mit dem rasseuntypisch langen Fell –, die am Rücken einige Millimeter hoch, vom Haarboden aus deutlich heller, manchmal sogar fast weiß abgesetzt sind. Zwar muss man bei diesen beiden „hellgrauen“ Farbenschlägen auch in Kauf nehmen, dass bei älteren Tieren die Bauchunterfarbe ausbleicht, ein Jahr sollte sie jedoch selbst dort halten.

Andere Riesenfarben

Bei den Deutschen Riesen sind weiterhin folgende Farbenschläge anerkannt: Schwarz, Blau, Blaugrau, Chinchillafarbe und Gelb und natürlich – als eigene Rasse geführt – unsere weißen Riesen. Zwar ist ihr Anteil in den letzten Jahren etwas angestiegen, jedoch haben in der Zucht viele der „andersfarbigen“ Riesen noch erhebliche Probleme, eine gute Größe und ein entsprechendes Gewicht zu erreichen, und auch an der Farbe hapert es zuweilen noch.

1,0 weiß (A. Geier, Bretzfeld). Foto: Wolters

Weiß

Bei den Weißen ist die gesamte Fellfarbe rein weiß, auch die Bauchfarbe; selbst die Unterfarbe ist es. Denn durch die Mutation des Faktors für Farbentwicklung A in a unterbleibt jegliche Farbbildung. Es wird ein strahlendes Weiß gefordert. Ein gelbliches Weiß deutet auf karotinhaltiges Futter hin, ein graues Weiß auf Schmutz und fehlende Pflege; es wird zu Recht bestraft. Natürlich hat man gerade weiße Tiere von ihrem Urin fernzuhalten, denn Urinflecken verschwinden erst mit der nächsten Haarung. Es ist ständig auf eine dicke Einstreu mit Roggen- oder Weizenstroh zu achten. Für die Haltung auf Rosten eignen sich die großen Tiere nicht.

Schwarz

Verlangt wird das satte, glänzende, reine Alaska-Schwarz mit dunkelblauer Unterfarbe. Die Augen sind dunkelbraun, die Krallen schwarzbraun.

Blaugrau

Es ist die Blauwildfarbe der blaugrauen Wiener. Sie entspricht im Wesentlichen der Farbe der Perlfeh, ist jedoch wegen der abweichenden Haarstruktur bei den Riesen gröber. Die Deckfarbe ist blaugrau mit einem überwiegend bläulichen Farbton. Die blauen und die cremefarbigen Grannenspitzen seien möglichst gleichmäßig verteilt; Schattierung oder Flockung ist unerwünscht, damit der blaugraue Ton uneingeschränkt vorherrscht. Die Wildfarbigkeitsabzeichen sind dabei unwesentlich heller, cremefarbig. Der kleine Keil ist bräunlich, die Zwischenfarbe ebenfalls. Die Augen sind blaugrau, die Krallen dunkel, die Unterfarbe, auch am Bauch, blau.

Blau

Maßgebend ist das Wiener Blau, ein gleichmäßiges, reines, glänzendes, sattes, schönes Mittelblau. Die Unterfarbe ist nur unwesentlich heller und soll bis zum Haar-

1,0 blaugrau (W. Herrmann, Karlsruhe). Foto: B & S Fotostudio

boden durchgehen. Da der mutierte Wildfarbigkeitsfaktor g die Ausbildung der Wildfarbigkeitsabzeichen unterdrückt, sind auch Laufinnenseiten, Bauch, Augen- und Kinnbackeneinfassung blau. Die Augen sind graublau, die Krallen dunkel.

Chinchillafarbig

Dieser Farbenschlag war früher von erheblichem Interesse, wollte man doch die begehrte Chinchillafarbe auf ein möglichst großes Fell übertragen. Die Farbe ist genetisch wildgrau ohne Gelb. Die gesamte Deckfarbe ist daher von einem lichten, leicht bläulich getönten Aschgrau. Sie sei an Brust und Läufen gleich getönt und soll an den Seiten möglichst weit nach unten reichen. Der Genickkeil ist klein und grauweiß, die Ohrenränder sind schwarz umrandet. Die Blume ist oben schwarz und mit grauweißen Haaren gesprenkelt, ihre Unterseite ist weiß. Über der Deckfarbe liegt, unregelmäßig verteilt, die schwarze, flockige Schattierung. Die Wildfarbigkeitsabzeichen sind weißlich, die Zwischenfarbe ist weiß bis weißlich grau, die Grundfarbe ein sattes Dunkelblau, auch am Bauch. Die Augen sind dunkelbraun, die Krallen schwarzbraun.

Gelb

Gefordert wird ein genetisch reines Gelb (der Gelbsilber), doch dürfen die Spitzen der Grannenhaare laut Bewertungsbestimmungen weder dunkelbraun (der Schleier beispielsweise der Thüringer) noch weiß (wie zum Teil beim Silberkaninchen) sein. Die Gesamtfarbe, auch die Wildfarbigkeitsabzeichen, seien sattgelb und glänzend. Die Unterfarbe ist kräftig gelbrot und reicht bis zum Haarboden. Die Augen sind braun, die Krallen dunkel.

0,1 chinchillafarbig (J. Renninghoff, Niedernhausen). Foto: Wolters

Grundlagen der Vererbungslehre

Züchten heißt, das Erbbild eines Tieres, eines Stammes oder einer Rasse nach einem vorbedachten Zuchtziel zu verändern und zu festigen. Die Zucht bedarf also eines Zuchtziels und eines entsprechenden Wegs. Das Ziel ist durch die Bewertungsbestimmung festgelegt; es ist bekannt.

Anders verhält es sich mit dem Weg. Die Genetik bietet nur Teillösungen; sie sind nicht genügend bekannt und nur teilweise erforscht und daher wenig verlässlich. So unterliegen beispielsweise nach Prof. Nachtsheim die Merkmale nicht immer nur einem einzigen Gen, vielmehr auch Nebengenen, oder die einzelnen Gene beeinflussen sich gegenseitig. Vom sogenannten höheren Mendelismus sei erst gar nicht die Rede. Dem Züchter ist es daher nicht zu verargen, wenn er mit wenigen Kenntnissen züchtet, dafür mehr seinem Fingerspitzengefühl folgt und dem Glück vertraut.

Die wesentlichen Kenntnisse der Genetik aber sollte sich der Züchter zu eigen machen. Sie erleichtern die Zucht, ohne ihr den Reiz zu nehmen, helfen Fehler zu vermeiden und lassen ein Ziel früher erreichen. Denn auch in der Zucht sind Glücksfälle nicht die Regel.

Die Genetik unterliegt Gesetzen, die ihre Bewährung längst hinter sich haben. Diese Gesetze sind:

Umwelteinflüsse

Nicht alle Erscheinungsformen und Leistungseigenschaften sind erbbedingt. Auch die Umwelt übt Einfluss aus. Der Genetiker sagt daher: Erscheinungsbild = Erbbild + Umwelteinflüsse. Jeder Züchter kennt Beispiele dafür aus der Praxis: Das Gewicht kann erbbedingt oder eine Folge der Fütterung sein; Unfruchtbarkeit kann auf eine Erbanlage oder auf Verfettung zurückgehen; für Schnupfen kann ungenügende Seuchenresistenz oder ein zugiger und feuchter Stall verantwortlich sein; Weiß im Fell lässt auf Holländerscheckung schließen oder kann von Verletzungen herrühren. Gegebenenfalls hat der Züchter zu prüfen, welche Erscheinungsformen erbbedingt und welche umweltbedingt sind. In jedem Fall aber hat er seinen Tieren gleiche, wenn nicht optimale Umweltbedingungen zu gewähren. Was dann aus der Reihe schlägt, ist erbbedingt. Wenn man gelegentlich zu lesen bekommt, Kipp- oder Hängeohren seien eine Folge zu niederer Ställe, so widerspricht dies den genetischen Erfahrungen. Umweltbedingte Erscheinungen vererben sich nicht. Bei farblichen Abweichungen (Rost) ist meist eine Kombination von Umwelt und Vererbung Ursache.

Reinerbigkeit

Die Reinerbigkeit ist ein theoretisch letztes Ziel der Zucht. Dass dieses Ziel wohl nie zu erreichen sein wird, dafür sorgen die Änderungen der Bewertungsbestimmungen und die Natur, die ihrerseits mehr oder weniger deutlich variiert und letztlich unbeeinflussbar ist. Dennoch bleibt die Reinerbigkeit wichtigstes Ziel. Denn man muss das Ergebnis einer Paarung mit einer an Sicherheit grenzenden Wahrscheinlichkeit vorherbestimmen können. Farbenreinzucht ist nunmehr möglich; sie wird gefordert. Sie war jahrzehntelang unmöglich – Beweis der Bastardeigenschaft der früheren Deutschen Riesen.

Erst wenn man sich der Reinerbigkeit von Merkmalen und Eigenschaften sicher ist, lassen sich die richtigen Paarungen vornehmen. Alles andere ist ein Glücksspiel. Nicht zufällig sind die „schwierig" zu züchtenden Rassen am wenigsten verbreitet. Ein hervorragendes, reinerbiges Tier aber ist Gold wert. Wenn es irgend geht, sollte man dessen Erbgut in möglichst vielen Zuchten einkreuzen. In der Regel wird dies ja auch ausgiebig getan.

Reinerbig ist ein Merkmal dann, wenn es in den nachfolgenden Generationen nicht mehr oder nur noch unbedeutend variiert (Reinerbigkeit der Paarungspartner in den entsprechenden Merkmalen vorausgesetzt).

Inzucht

Sie hat ihren vermeintlich moralischen Geruch und ihre Schrecken verloren. Vielmehr ist erwiesen, dass ohne sie eine moderne Zucht nicht möglich ist. Mithilfe der In- und Inzestzucht wird ein Zuchtstamm in den einzelnen Merkmalen reinerbig, der Erbanlagenbestand – konsequente Auslese vorausgesetzt – dem Zuchtziel entsprechend bleibend verändert. Der Wert der Inzucht besteht darin, dass sie die intermediären Merkmale klärt, die rezessiven sichtbar werden lässt und der erwünschte Erbanlagenbestand nach wenigen Generationen reinerbig wird. Einen nicht unwesentlichen Nachteil hat die Inzucht dennoch: Bei einer unverständigen, rigorosen Auslese werden nicht nur fehlerhafte, das heißt, für die einzelnen Rassen

0,1 schwarz (F. Klappetek, Lohfelden). Foto: B & S Fotostudio

unerwünschte Erbanlagen ausgemerzt, sondern auch wertvolle Merkmale, die nur nicht gefragt sind, gehen für immer verloren. So ist nicht zuletzt der Inzucht die ständige Verdrängung der Leistungseigenschaften zuzuschreiben. Neben einer Anhäufung wertvoller Gene kommt es auch zur Kumulation von Genen, die die Vitalität herabsetzen, soweit solche in den Ausgangstieren angelegt sind. Den Vitalitätsverlust infolge Inzucht nennt man Inzuchtdepression. Gerade bei den Deutschen Riesen hat diese eine Bedeutung: Fast immer werden die Tiere dann von Generation zu Generation kleiner.

Kauf fremder Zuchttiere

Es liegt auf der Hand, dass jedes fremde Zuchttier Unruhe in einen gefestigten Merkmalsbestand eines Zuchtstammes bringen kann, und dies umso mehr, je zahlreicher die spalterbigen, ja entgegengesetzten Anlagen des neuen Tieres sind. Der Begriff „Blender" ist ja bekannt. Entscheidend ist daher, dass ein fremdes Tier wenigstens in den wesentlichen Merkmalen und Eigenschaften reinerbig ist. Verlässliches Kriterium weitgehender Reinerbigkeit sind gleichbleibende Zuchterfolge eines Züchters über Jahre hinweg. Man kaufe deshalb bei den Spitzenzüchtern. Ob man dies unbesehen tun will, liegt im Ermessen des einzelnen Züchters. Unter Züchterfreunden sollte gelten: Vertrauen gegen Vertrauen. Ein Spitzenzüchter weiß selbst, wie sehr er sich und seinem Ruf schaden kann. Gegenüber den weniger renommierten Zuchten hege man eine gesunde Skepsis. Auch der Kauf an der Stallung bewahrt nicht vor Schaden, zumal man sicher sein kann, dass kein Züchter, der auf dem Weg nach oben ist, seine besten Tiere verkaufen wird. Man hüte sich, auf einer Ausstellung oder nach dem Katalog zu kaufen, und zwar von Züchtern, die man nicht oder nicht gut kennt. Von einer Bestätigung der Reinerbigkeit eines gekauften Tieres (Reinerbigkeit welcher Merkmale und Eigenschaften?) ist nicht viel zu halten. Man könnte den Verkäufer nur in Verlegenheit bringen, der guten Gewissens und mit ehrlichem Willen ein solches Zeugnis unterschreibt.

Reinerbigkeitsprüfung

Man sollte es sich zum Grundsatz machen, die Reinerbigkeit spezifischer Merkmale eines gekauften Tieres zu testen, bevor man es in den Zuchtstamm stellt. Dies bedeutet bei einer zu prüfenden Häsin zwei bis drei, bei einem Rammler eine Kaninchengeneration (da man ja mehrere Häsinnen gleichzeitig decken lassen kann). Dieser Aufwand an Zeit lohnt sich. Reinerbigkeit wird auf folgende Weise geprüft:

Angenommen, es sei festzustellen, ob ein gekauftes Tier reinerbig normalhaarig ist, sofern Verdacht auf Langhaar besteht. Zu testen sind fast ausschließlich rezessive, seltener intermediäre Merkmale. Man wird das zu testende Tier mit einem anderen paaren, das eindeutig, also reinerbig Langhaarträger ist, also am sichersten mit einem Angorakaninchen.

Besitzt das zu prüfende Tier verdeckt den Langhaarfaktor, dann werden sicher ein oder einige Nachwuchstiere mit Langhaarfaktor zu erwarten sein.

Tritt dagegen Langhaar auch in der 3. Generation nicht auf, dann ist das Testtier reinerbig normalhaarig. Dass die spalterbigen Nachwuchstiere zuchtuntauglich sind, versteht sich von selbst.

Schwierig sind Reinerbigkeitsprüfungen dann, wenn Merkmale der Größe, der Form und vor allem die Leistungseigenschaften zu testen sind, jene Anlagen, die der polyfaktoriellen Vererbung unterliegen.

Polyfaktorielle Vererbung

Sie ist nur schwer zu erfassen und für den Laien kaum praktikabel. Man kennt mehr oder weniger zuverlässig nur ihre Wirkungen beispielsweise bei der Holländerscheckung, der Silberung. Die Merkmale der Größe, der Form und der Leistung hängen nicht unwesentlich auch von den Umweltbedingungen ab, und dies erschwert die Zucht der genannten Merkmale zusätzlich. Polyfaktorielle Vererbung bedeutet: Die entsprechenden Merkmale hängen von mehr oder weniger zahlreichen, gleichgerichteten, gleichartigen und im Einzelnen nur sehr geringfügig wirkenden Genen ab. Beispiel ist unter Umständen ein einzelnes gesilbertes Haar. Diese Gene lassen sich allerdings summieren und es kommt zum hellschattierten Silberkaninchen oder zum nahezu völlig entpigmentierten Hotot- oder dem frühen Husumer Kaninchen. Die Größe des Deutschen Riesenkaninchens bereitet keine Schwierigkeiten, da ja nach oben keine Grenzen gesetzt sind.

Die gleichen Gene lassen sich in gleicher Weise auch verdünnen. So ist beispielsweise allgemein die Regel bekannt: Starke Silberung mal schwache Silberung ergibt mittlere Silberung oder Normalhaar mal Langhaar ergibt etwas längeres Normalhaar. Dieser Erbgang erweckt den Eindruck einer intermediären Vererbung; nur fehlt eben die für die intermediäre Vererbung typische Aufspaltung in der F2-Generation. Auch daraus geht hervor, wie wichtig die künftige Beachtung der Leistungseigenschaften beim Deutschen Riesen ist.

Verdrängungszucht

Unter den Züchtern ist die Ansicht weit verbreitet, Fehler seien durch entgegengesetzte auszugleichen. Das stimmt bei der polyfaktoriellen Vererbung, sonst nicht. Es kommt auf das Merkmal an. Schulbeispiel ist die Paarung eines Tieres mit einer nach links gerichteten Blume mit einem Tier, das eine nach rechts gerichtete Blume besitzt. Man erwartet, links mal rechts ergibt gerade. Der Versuch wird fehlschlagen. Vielleicht haben die Tiere in der F1-Generation eine gerade Blume; die F2 aber bringt es an den Tag: nach links und nach rechts gerichtete sowie gerade Blumen. Durch den erhofften Ausgleich zweier entgegengesetzter Merkmale hat man den einen Fehler nicht nur nicht beseitigt, sondern einen neuen und Spalterbigkeit hinzubekommen.

Die allgemein geeignete Methode ist die Verdrängungszucht. Dies heißt, man kreuzt ein fehlerhaftes Tier mit einem einwandfreien, merzt unter den Nachwuchstieren die Fehlerhaften aus, paart die Übrigen an das Einwandfreie zurück, bedient sich also der Inzucht, und wiederholt dies so lange, bis alle fehlerhaften Merkmale einwandfrei überwunden sind.

Zuchtbuchführung

Wer bewusst züchten will, ist auf eine korrekte und sehr detaillierte Zuchtbuchführung angewiesen. Der Züchter muss den Erbanlagenbestand seiner Tiere kennen. Er muss auch nach Jahren feststellen können, welche spezifischen Merkmale und Eigenschaften das eine oder andere Tier hatte. Wesentlich sind Merkmale und Eigenschaften, nicht Ausstellungserfolge.

Selbst die Erwähnung von 97 Punkten nützt nicht viel, wenn man auf besondere Vorzüge und mögliche Mängel (beispielsweise durch Spalterbigkeit lediglich verdeckte) verzichtet. Kein Züchter ist sich seines Gedächtnisses nach mehreren Kaninchengenerationen sicher. Deshalb sei die Zuchtbuchführung außerhalb der üblichen Formulare so detailliert wie irgend möglich. Denn wie vielfältig und wichtig sind beispielsweise allein die Merkmale von Ohr und Ohrhaltung! Eine in allen Teilen verwendbare Zuchtbuchführung ist man sich und nicht zuletzt seinen Züchterfreunden schuldig.

Linienzucht

Als die moderne Zuchtmethode gilt die Linienzucht schlechthin. Sagte doch ein erfahrener englischer Züchter zu einem jungen Kollegen ein wenig boshaft: „Wenn es schiefgeht, dann war es Inzucht, wenn man Erfolg hat, dann Linienzucht." Auf die Linienzucht gehen die häufig erstaunlichen Erfolge in der modernen Pflanzen- und Großviehzucht zurück. Eine gewisse Linienzucht betreibt auch der Züchter bisher. Er löst die einzelnen Zuchtaufgaben hintereinander, paart mit wenig System und gefährdet dadurch den Erfolg von Zeit zu Zeit. Das Wesen der Linienzucht besteht darin, dass die einzelnen Aufgaben gleichzeitig und mit System angegangen werden.

So baut man sich mit etwa vier bis sechs Häsinnen und etwa drei Rammlern vier bis sechs untereinander unabhängige Linien (= Zuchtstämme) auf, beispielsweise eine für Größe, eine andere für Form, eine dritte für Farbe, eine vierte für Fell, eine fünfte für Leistung, je nach den Erfordernissen der eigenen Zucht und dem Stand der Rasse. Linienzucht erfordert demnach ein Mehr an Zeit und Geld. Dass die Ausgangstiere nach Möglichkeit wenigstens in den spezifischen Merkmalen hervorragend sein sollen, versteht sich von selbst. Man züchtet nun in den Linien die spezifischen Merkmale bis zur Reinerbigkeit, kombiniert zwei Linien, züchtet wieder bis zur Reinerbigkeit und fährt so fort. Am Ende sollte das Idealtier stehen.

Die Zucht der Riesen

Da bereits der beschreibende Text oben voller Tipps und Hinweise für die Zucht der Riesen ist und auch die Grundlagen der Genetik ausführlich erörtert wurden, will ich mich hier auf das Wesentliche beschränken:

Zuchttiere sollten dem Standard ideal so nahekommen wie nur möglich. Außerdem sollten sie bei den Riesen möglichst groß und schwer sein. Vor allem die Länge verdient mehr Beachtung. Wer sich „Spitzenzüchter" nennt, sollte außerdem an der Reinzucht der grauen Farbenschläge interessiert sein.

Neben den äußeren Standardmerkmalen kommt es bei der Zucht natürlich besonders auf die „inneren" Werte der Tiere an. Das sind die Leistungseigenschaften. Gerade von Riesenhäsinnen sollte man doch große Würfe und hohe Milchleistung erwarten dürfen. Auch die Futterverwertung ist bei vielen Riesenstämmen, legt man als Messlatte das an, was bei Mittelrassen normal ist, eher bescheiden. Daher müssen die Riesenzüchter hier mehr tun, um irgendwann von der teuren und verlustreichen Winterzucht wegzukommen. Gute Riesen, die mit einem halben Jahr die 7-kg-Schwelle überschreiten, weisen jedenfalls den Weg in die richtige Richtung: Auf sie sollte sich eine ernsthafte Riesenzucht immer stärker aufbauen.

Natürlich muss auch Degenerationserscheinungen in den Zuchten noch stärker entgegengewirkt werden: Nicht nur Langhaarfaktor und Zahnmissbildungen gilt es zu eliminieren, sondern auch die immer häufiger anzutreffenden tief liegenden Tränaugen, die, wie sich auf so mancher Ausstellung bereits sehr drastisch andeutete, zu einem echten Problem für die Riesen werden könnten.

Die Haltung der Deutschen Riesen

An die Haltung stellen die Deutschen Riesen doch schon deutlich gesteigerte Ansprüche: So sollte die Buchtengröße nach Dorn (Rassekaninchenzucht, 7. Aufl., S. 262) schon 100 × 80 × 70 cm betragen. Reber (Kaninchenhaltung, Aufl. 90, S. 66) fordert sogar 120 cm Buchtenlänge. Daraus ist schon zu ersehen, dass genügend Platz da sein muss, um eine Zuchtanlage für Riesenkaninchen zu erstellen. Auch sind nach meinem Dafürhalten Riesenkaninchen nicht wie nahezu alle Mittel- und Kleinrassenkaninchen für die rationelle und hygienisch einwandfreie Haltung auf Drahtrosten geeignet.

Sie benötigen einen Tiefstall mit Stroheinstreu. Zum Streuen eignen sich nur Roggen- oder Weizenstroh. Haferstroh sieht durch seine goldgelbe Farbe besonders einladend aus, färbt aber die Sohlen der Tiere stark gelb. Gerstestroh sieht zwar schön aus, nimmt jedoch nahezu keine Feuchtigkeit auf. Die beste Eignung hat Roggenstroh: Dieses saugt sehr gut den Urin im Stall auf, färbt nicht ab und ist auch beim Verzehr garantiert nicht gesundheitsschädlich für die Tiere, weil Roggen als einzige Getreideart nicht mit der „chemischen Keule", sprich Giftspritze, behandelt wird.

Um Verschmutzungen der Tiere zu vermeiden, aber auch, um die Ansteckungsrate mit Kokzidiose auf niedrigem Niveau zu halten, versteht es sich von selbst, dass gerade bei dieser Haltung auf Stroheinstreu Hygiene großgeschrieben werden muss.

Jungtiere der Riesen brauchen für die optimale Ausbildung ihres Skeletts und zum Trainieren ihrer Muskulatur viel Bewegung. Daher sind die Züchter im Vorteil, die auf einem alten Bauernhof leben und ihre Jungtiere bis zur 12. Lebenswoche in großen Laufställen unterbringen können. Besonders toll ist es natürlich, wenn hier alte Schweinebuchten von 2,5 × 1,5 Metern als Wurfbuchten zur Verfügung stehen. Ich habe immer wieder Spaß, wenn ich Riesenzüchter besuche, die auf diese Weise arbeiten können. Gehört man nicht zu diesen „Begnadeten", tut es regelmäßig eine Doppelbucht als Wurfstall. Dabei empfiehlt es sich jedoch, die Hälfte der Trennwand als Hürde zum Überspringen für die Jungtiere stehen zu lassen.

Fütterung

Riesenkaninchen gehören nicht unbedingt zu den besten Futterverwertern unter unseren Kaninchenrassen. Das hat den Nachteil, dass sie einen relativ hohen Futterverbrauch je Kilogramm Zunahme haben, gleichzeitig jedoch auch den Vorteil, dass die Tiere nicht so stark zum Verfetten neigen wie so manch andere Rasse.

Ohne Kraftfutter erscheint mir die Riesenzucht nicht möglich. Dabei ist es eigentlich gleichgültig, ob der Züchter sich mithilfe der DLG-Futtermitteltabelle sein Kraftfutter aus verschiedenen Komponenten (Getreide, Ölfrüchte, Sojaschrot etc.) selbst zusammenmischt, oder ob er sofort auf industriell gefertigtes Pressfutter zurückgreift. Letzteres ist sicherlich, wenn man die Arbeit einrechnet, die preiswertere Variante. Und risikoloser ist es zudem auch, denn industriell gefertigtes Pressfutter steht doch das ganze Jahr in nahezu gleicher Zusammensetzung und Qualität dem Züchter zur Verfügung, braucht also noch nicht einmal bevorratet zu werden. Außerdem ist seine Handhabung auch sehr leicht: Hat man erst einmal die richtige Ration für seine Tiere herausgefunden, kann man diese quasi beibehalten, bis man die Futtermarke wechselt.

Wegen des hohen Nährstoff- und Energiegehalts sollte das Fertigfutter jedoch nur säugenden Häsinnen, Jungtieren bis zur 12. Lebenswoche und zur Schlachtung vorgesehenen Masttieren zur freien Aufnahme zur Verfügung gestellt werden. Für Ausstellungs- und Nachwuchszuchttiere hingegen sollte es rationiert werden. Es empfiehlt sich eine Zufütterung weniger nährstoffhaltiger, dafür jedoch rohfaserreicher Futtermittel wie Heu oder Grünfutter. Diese fördern eine vernünftige Ausbildung des gesamten Verdauungsapparats der Tiere und gewährleisten eine naturnahe Entwicklung. Heu und Grünfutter sollten nicht auf Grundstücken erworben werden, auf denen Wildkaninchen Zugang haben, um eine Infektion mit Krankheiten oder Parasiten zu verhindern. Zu einer festen Tagesration Pressfutter kann man das Beifutter dann ruhig etwas abwechslungsreich gestalten: Möhren, ein Stück Rübe, Gras, Heu, mal ein Stück trockenes, altes Brot. Die Tiere wissen es zu danken!

Eine völlig krasse Futterumstellung sollte man jedoch bei Kaninchen immer vermeiden. Sie überfordert die Blinddarmflora und kann zu starken Ernährungsstörungen, ja bis hin zum Tod der Tiere führen. Und so kommt es auch, dass Massensterben junger Kaninchen, deren Organismus noch empfindlicher ist, nicht immer ihre Ursache in Krankheiten haben. Für den, der nicht auf eine reine Pressfutterreichung bauen will, sei es, weil er einen großen Garten oder eine Wiese hat oder weil er sonst günstig an andere Futtermittel kommt, finden sich im Anhang DLG-Nährstofftabellen, mit denen er sich die Rationen selbst zusammenstellen kann. Großer Wert ist dabei jedoch auf eine abwechslungsreiche und ausgewogene Ernährung der Tiere zu legen; nur sie gewährleistet, dass die Tiere von allen Nährstoffen eine ausreichende Menge zur Verfügung haben.

Dabei ist für ein 8-kg-Tier von einem Eiweißbedarf von rund 30 g auszugehen, bei einem Jungtier im Wachstum mit 1 kg von rund 12 g und bei einem 4-kg-Jungtier von rund 45 g. Das Eiweiß-Stärke-Verhältnis ist bei der Erhaltungsfütterung mit rund 1:5,5, bei einer Intensivfütterung einer Häsin, die acht Junge säugt, etwa mit 1:4 anzusetzen. Wichtig ist es jedoch, egal, ob man mit Pressfutter füttert oder nach der „alten Methode“, Jungtieren, die mit dem Fressen beginnen, immer sehr gutes, staubfreies Heu zur Verfügung zu stellen. Das hat diätetische Wirkung auf die Verdauungsorgane und verhindert Massensterben infolge unspezifischer Durchfälle.

Nährstoffgehalt verschiedener Futtermittel

(entnommen aus: DLG-Nährstofftabellen)

1000 Teile enthalten				
Futtermittel	**Trocken-masse**	**verdauliches Eiweiß**	**Stärke-einheiten**	**Nährstoff-verhältnis**
Wiesengras, 1. Schnitt, vor der Blüte	174	23	104	1 : 4,5
Wiesengras, 1. Schnitt, in der Blüte	200	22	118	1 : 5,4
Wiesengras, 1. Schnitt, Ende der Blüte	241	21	129	1 : 6,1
Wiesengras, 2. Schnitt, jung	170	17	84	1 : 4,9
Wiesengras, 2. Schnitt, älter	239	19	84	1 : 6,0
Hafer, im Schossen	198	19	104	1 : 5.5
Hafer, in der Milchreife	279	17	130	1 : 7,6
Roggen, im Schossen	214	19	123	1 : 6,5
Roggen, vor dem Schossen	179	21	117	1 : 5,6
Ackerbohnen, Beginn der Blüte	160	21	75	1 : 3,6
Erbsen, in der Blüte	163	26	84	1 : 3,2
Esparsette, vor der Blüte	180	29	100	1 : 3,5
Esparsette, in der Blüte	204	25	89	1 : 3,5
Gelbklee	201	24	102	1 : 4,5
Hornklee	205	22	112	1 : 5,1
Inkarnatklee, in der Blüte	194	23	100	1 : 4,3
Süßlupinen, blaue, in der Blüte	150	20	79	1 : 4,0
Süßlupinen, gelbe, Beginn der Blüte	121	20	67	1 : 3,4
Süßlupinen, weiße, in der Blüte	141	27	84	1 : 3,1
Luzerne, 1. Schnitt, vor der Knospe	150	29	88	1 : 3,0
Luzerne, 1. Schnitt, in der Knospe	188	34	94	1 : 2,8
Luzerne, 1. Schnitt, in der Blüte	240	29	101	1 : 3,5
Luzerne, 2. Schnitt, in der Knospe	240	37	115	1 : 3,1
Luzerne, 3. Schnitt, in der Knospe	231	40	113	1 : 2,8
Rotklee, 1. Schnitt, vor der Blüte	155	22	97	1 : 4,4
Stoppelklee	170	23	96	1 : 4,2
Schwedenklee, in der Blüte	180	22	89	1 : 4,0
Seradella, vor der Blüte	132	22	68	1 : 3,1
Sojabohnen, bei Körnerausbildung	238	32	119	1 : 3,7
Weißklee, vor der Blüte	178	32	119	1 : 3,5
Sommerwicke, vor der Blüte	145	29	78	1 : 2,7
Winterwicke, Beginn der Blüte	165	31	89	1 : 2,9
Blumenkohlblatt, frisch	120	19	79	1 : 4,2

1000 Teile enthalten				
Futtermittel	**Trocken-masse**	**verdauliches Eiweiß**	**Stärke-einheiten**	**Nährstoff-verhältnis**
Dickstrunk, jung	101	15	62	1 : 4,1
Futterkohl, Blätter	142	18	92	1 : 5,1
Grünkohl	180	30	119	1 : 4,0
Kohlrabi, mit Blättern	110	11	69	1 : 6,3
Markstammkohl, ganz	127	18	85	1 : 4,7
Markstammkohl, Blätter	150	23	112	1 : 4,9
Rosenkohl, Strünke mit Blättern	145	23	89	1 : 3,9
Rotkohl, ganz	110	20	82	1 : 4,1
Weißkohl, ganz	100	17	73	1 : 4,3
Wirsingkohl	130	21	83	1 : 3,9
Futterzuckerrüben, Blätter	110	14	70	1 : 5,0
Beinwellblätter	121	17	61	1 : 3,6
Brennnessel	226	39	109	1 : 2,8
Löwenzahn, Beginn der Blüte	145	20	90	1 : 4,5
Raps, vor der Blüte	101	18	65	1 : 3,6
Buchenblätter	433	47	201	1 : 4,3
Sommerlindenblätter	300	33	104	1 : 3,2
Wiesenheu, 1. Schnitt, sehr jung	890	210	518	1 : 2,5
Wiesenheu, 1. Schnitt, in der Blüte	890	82	464	1 : 5,7
Luzerneblattmehl	900	193	505	1 : 2,8
Luzernegrünmehl, vor der Knospe	900	167	466	1 : 2,8
Lupinenschalen, gelbe, süße	890	93	490	1 : 5,3
Kürbiskernschalen	898	65	36	1 : 0,5
Ackerbohnen	855	224	705	1 : 3,1
Erbsen	862	202	721	1 : 3,6
Linsen	872	223	715	1 : 3,2
Lupinen, blaue, süße	871	272	719	1 : 2,6
Lupinen, gelbe, süße	893	872	823	1 : 1,9
Sojabohnen	910	319	823	1 : 2,6
Sommerwicken, süße	873	247	756	1 : 3,1
Maiskleber, getrocknet	904	370	757	1 : 2,0
Weizenkleber, getrocknet	925	626	791	1 : 1,3
Bäckereihefe, getrocknet	899	449	728	1 : 1,6
Bierhefe, frisch	167	88	134	1 : 1,6
Bierhefe, getrocknet	899	432	717	1 : 1,7
Brennereihefe, getrocknet	900	468	710	1 : 1,5
Kartoffelschlempe, getrocknet	888	140	456	1 : 3,3